科学のアルバム

カタツムリ

増田戻樹●写真
小池康之●文

あかね書房

もくじ

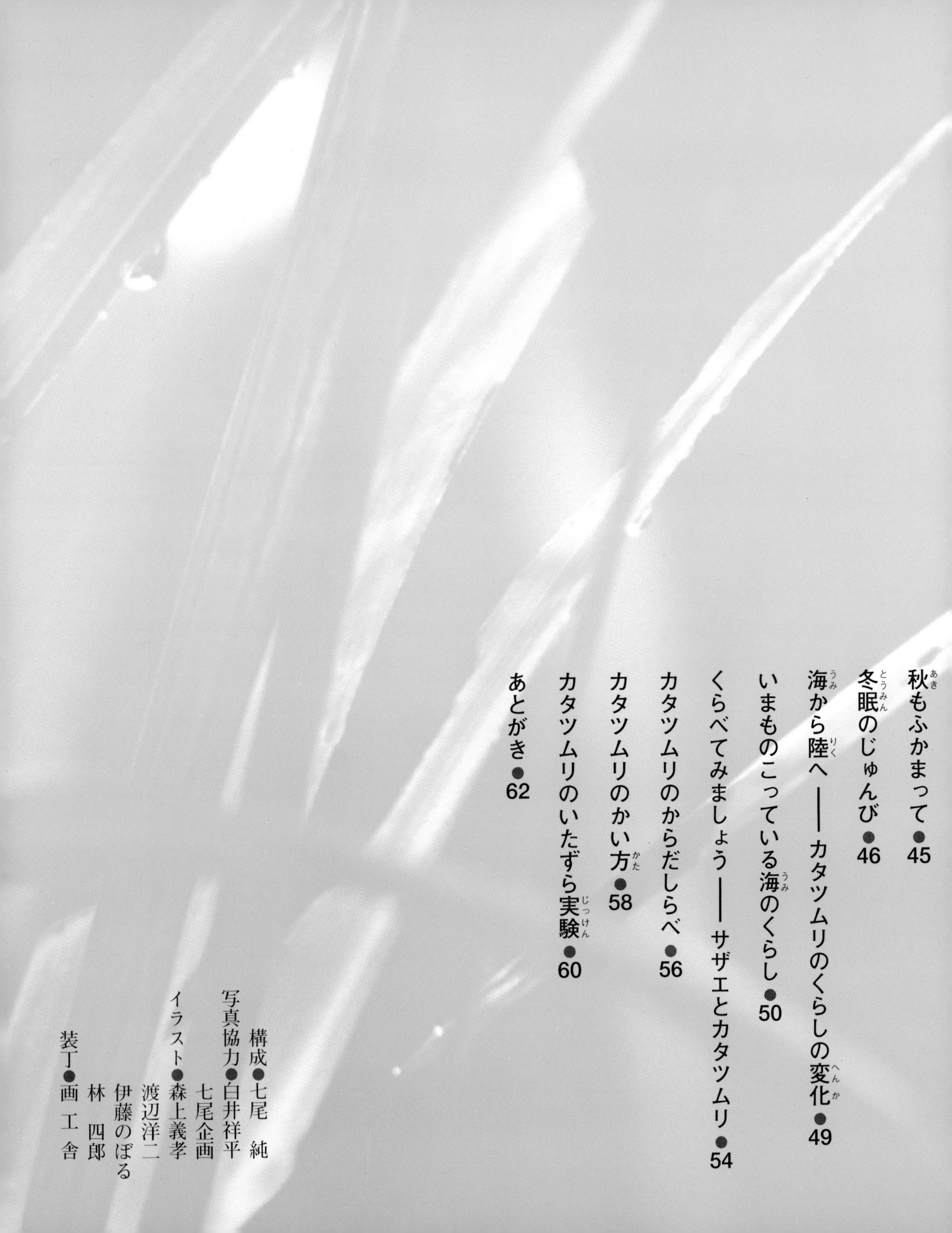

構成●七尾 純
写真協力●白井祥平
七尾企画
イラスト●森上義孝
渡辺洋二
伊藤のぼる
林 四郎
装丁●画 工 舎

科学のアルバム

カタツムリ

増田戻樹（ますだ　もどき）

一九五〇年、東京都に生まれる。幼《おさな》いころからの動物好きで、高校生のころより、写真に興味《きょうみ》をもつ。都立農芸高校を卒業後、動物商《どうぶつしょう》に勤務《きんむ》。一九七一年より、フリーの写真家として独立《どくりつ》。一九八四年より、山梨《やまなし》県小淵沢《こぶちざわ》町に移《うつ》り住み、おもに、近隣《きんりん》の動植物を撮《と》りつづけている。

著書《ちょしょ》に「オコジョのすむ谷」「森に帰ったラッちゃん」「子リスをそだてた森」「海をわたるツル」（共にあかね書房）、「ヤマネ家族」（河出書房新社）、「オコジョ—白い谷の妖精《ようせい》」（講談社）、「ニホンリス」（文一総合出版）、「夜の美術館《びじゅつかん》—八ヶ岳星座物語」（世界文化社）など多数ある。

小池康之（こいけ　やすゆき）

一九四一年、東京都に生まれる。幼《おさな》いころを長野県の豊《ゆた》かな自然《しぜん》の中ですごし、動植物の生活に興味《きょうみ》をもちはじめる。

一九六八年、東京水産《すいさん》大学（現東京海洋大学）大学院修士課程《しゅうしかてい》を修了《しゅうりょう》。水産学博士《はくし》。

同大学の水族生態学《せいたいがく》講座《こうざ》に所属《しょぞく》し、アワビ類《るい》など水産資源《しげん》生物の生態研究に従事《じゅうじ》する。

その後、フランス・国立海洋開発センター研究員、東京水産大学助教授《じょきょうじゅ》を歴任《れきにん》し、現在、東京海洋大学助教授。

著書に「水中写真の撮影《さつえい》」（恒星社恒星閣）、「天津小湊《あまつこみなと》の海浜《かいひん》生物」（天津小湊町）などがある。

日仏海洋学会、日本水産学会、日本水産増殖《ぞうしょく》学会、日本水産工学会会員。

カタツムリによくであう日は、
たいてい雨《あめ》ふり。
なぜだろう。
カタツムリは、いつも重《おも》そうに
大《おお》きなからをせおっている。
どうしてだろう。

●雨《あめ》あがり，ぬれた木《き》のみきを
はいまわるミスジマイマイ。

⬆春《はる》です。レンゲの花《はな》がいっぱいさいています。冬眠《とうみん》からさめた動物《どうぶつ》たちが，活動《かつどう》をはじめる季節《きせつ》です。

⬅雨《あめ》がふるたびにあたたかくなる春《はる》。雨《あめ》にさそわれるように、ミスジマイマイが冬眠《とうみん》からさめました。からだをいっぱいにのばして、えだからえだへ、葉《は》から葉《は》へと歩《ある》きだします。

冬眠《とうみん》からさめて（三月末《がつまつ》〜四月《がつ》）

あたたかい春《はる》の雨《あめ》が、木《き》ぎの若《わか》葉《ば》をぬらすころ、カタツムリは、長《なが》い冬眠《とうみん》からさめて、ゆっくりと活動《かつどう》をはじめます。

さあ、きみもいっしょにカタツムリをさがしにいきませんか。

カタツムリは、はれた日《ひ》にはなかなかみつかりません。木《き》の葉《は》のかげや草《くさ》の根《ね》もとにかくれているからです。雨《あめ》あがりや、しっ気《け》の多《おお》い夜《よる》に外《そと》へでてみましょう。えさをもとめて、木《き》や葉《は》の上《うえ》をはいまわるカタツムリにであえます。

➡夕方《ゆうがた》、えさをさがしはじめたミスジマイマイ。どうやら、えだのさきに、だいすきな若葉《わかば》をみつけたようです。

えさ・さがし

雨《あめ》でしめった地面《じめん》や木《き》のみき・を、カタツムリが、ゆっくりとはいだしました。

冬《ふゆ》のあいだ、なにも食《た》べないでいたカタツムリは、はらぺこです。のんびりとはっているようにみえても、カタツムリはえさ・さがしにいっしょうけんめいなのです。

カタツムリのえさは、やわらかい若葉《わかば》や木《き》の芽《め》です。にゅっとつきだした触角《しょっかく》をふりながら、だいすきな若葉《わかば》や木《き》の芽《め》をかぎつけて、ちかよっていきます。

カタツムリは、ざらざらした舌《した》をすりつけ、葉《は》をけずりとるようにして食《た》べつ

↑ふりだした雨《あめ》の中《なか》を，木《き》のみきをはってえささがしにでかけるミスジマイマイ。

づけます。

こうして一週《しゅう》間《かん》ほどで、冬《とう》眠《みん》のときにつかってしまった体《たい》力《りょく》をとりかえします。

➡雨《あめ》あがりの夜《よる》、えさをもとめてえだをはいまわるミスジマイマイ。雨《あめ》がふりはじめると、かくれていたカタツムリがいっせいに活動《かつどう》をはじめます。

⬅シイタケをさいばいしている、しめり気《け》の多《おお》い林《はやし》の中《なか》で、カタツムリをみつけました。このようなところにカタツムリはたくさんいます。右《みぎ》はヒダリマキマイマイ、左《ひだり》はミスジマイマイ。

雨《あめ》がすきなわけは？

カタツムリは、もともと海《うみ》にすんでいるまき貝《がい》のなかまです。もし、空気《くうき》がかわいていたら、カタツムリの体内《たいない》の水分《すいぶん》は、どんどん外《そと》へにげてしまいます。

カタツムリは、体内《たいない》の水分《すいぶん》がにげださないように、からだの表面《ひょうめん》をねばねばしたねんまくでつつんでいなければなりません。そのたいせつなねんまくをつくるためにも水分《すいぶん》が必要《ひつよう》です。

カタツムリが夜《よる》や雨《あめ》の日《ひ》にしか活動《かつどう》しないのはそのためです。

➡池《いけ》の近《ちか》くの木《き》の上《うえ》で、ミスジマイマイとモリアオガエルが、顔《かお》をあわせました。カタツムリもモリアオガエルも、おなじ季《き》節《せつ》に活《かつ》動《どう》する森《もり》の生《い》き物《もの》です。

⬆6月《がつ》11日夜《にちよる》6時半《じはん》ごろ，2ひきのヒダリマキマイマイが岩《いわ》かげでであいました。

⬆2ひきは，ゆっくりちかづき，からだをふれあいはじめました。

交尾《こうび》の季節《きせつ》（五月《がつ》～六月《がつ》）

いままで食《た》べることにむちゅうになっていたカタツムリが、食《た》べることをやめて、しきりに触角《しょっかく》をうごかし、あっちへうろうろ、こっちへうろうろ。なんとなくおちつきません。じつはこれは、交尾《こうび》の相手《あいて》をさがしているのです。

カタツムリは、おすとめすとの区別《くべつ》がない動物《どうぶつ》です。ですが、たまごをうむためには、ほかのカタツムリと交尾《こうび》をしなければなりません。

相手《あいて》がみつかると、おたがいに、細《ほそ》いくだのようなものをのばし、相手《あいて》の首《くび》すじにつきさします。

↑しばらくすると，２ひきのカタツムリは，石灰質《せっかいしつ》でできた白《しろ》いやりのようなくだをのばし，相手《あいて》の首《くび》の右《みぎ》がわめがけてさしこみました。このとき精子《せいし》のはいったふくろをこうかんします。交尾《こうび》がおわって２ひきがわかれるまで約《やく》１時間《じかん》。ときには，ふくろのこうかんに失敗《しっぱい》して，円内《えんない》の写真《しゃしん》のようにおとしてしまうことがあります。
←

➡カタツムリは産卵《さんらん》のために，しめり気《け》の多《おお》い土《つち》の中《なか》にからだをうずめて，頭《あたま》でかきわけるようにして，深《ふか》さ10センチメートルくらいのあなをほります。

⬅産卵《さんらん》をするヒダリマキマイマイ。たまごの数《かず》は約《やく》50個《こ》。1つのたまごをうむのに20分《ぷん》もかかります。たまごをうみおわると，あなを土《つち》ですっかりふさいで，たちさっていきます。

カタツムリの産卵《さんらん》（七月《がつ》）

交尾《こうび》がおわって約《やく》一か月《げつ》たちました。カタツムリは、たまごをうむ場所《ばしょ》をさがして、地《じ》面《めん》をはいまわります。たまごがかわいてしまわないように、しめり気《け》のある場所《ばしょ》、そして、生《う》まれてきた子《こ》どもが食《た》べるやわらかい草《くさ》がまわりにある場所《ばしょ》をえらびます。

場所《ばしょ》がきまると、カタツムリは、地面《じめん》にからだをつっこんで、首《くび》すじにあるあなからまっ白《しろ》い、まるいたまごをうみおとします。

産卵《さんらん》は、たいへん力《ちから》のいる仕事《しごと》です。カタツムリは、触角《しょっかく》をのばしたりちぢめたりして、からだじゅうに力《ちから》をいれて、一つ一つ、時間《じかん》をかけてうみおとしていきます。

↑産卵直後《さんらんちょくご》のたまご(上《うえ》)。直径《ちょっけい》は約《やく》3ミリメー
←トル。1か月後《げつご》，たまごの中《なか》には，もうからをもった子《こ》どもがそだっていました(左《ひだり》)。

たまごからかえったアワビは，親《おや》と形《かたち》がちがいます。海水《かいすい》からえさをとって，すがたをかえながら大《おお》きくなります。そのほとんどは魚《さかな》などに食《た》べられてしまい，大《おお》きくなれるのはほんのわずかです。

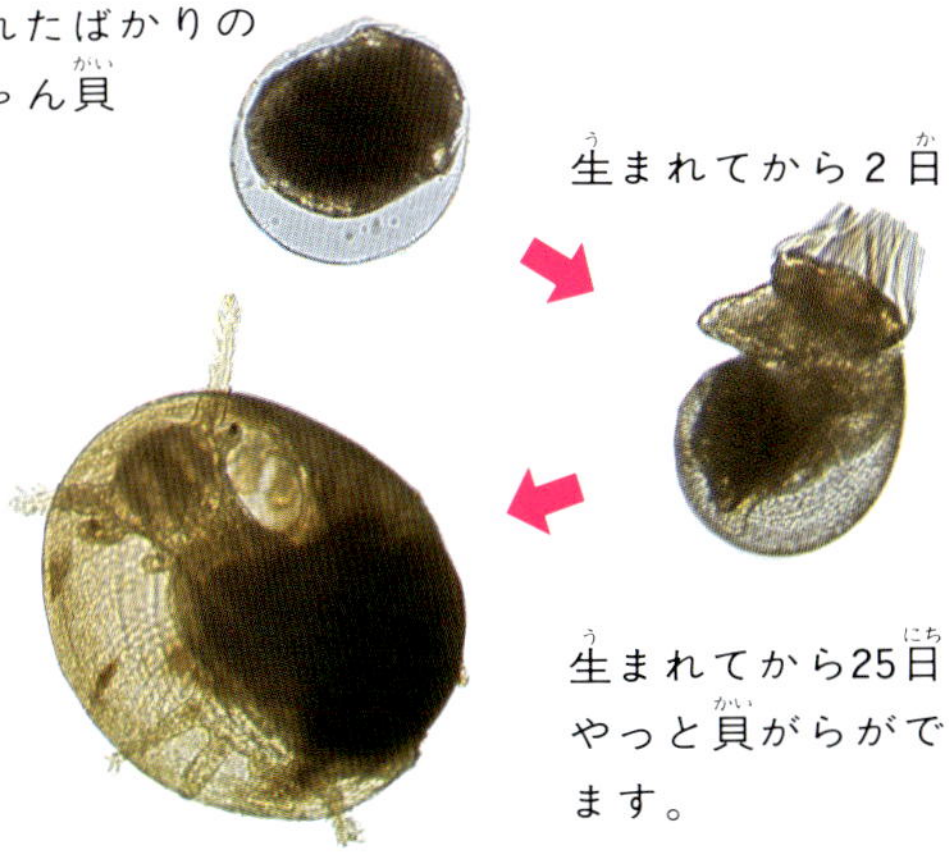

生《う》まれたばかりの赤《あか》ちゃん貝《かい》

生《う》まれてから2日《か》目《め》

生《う》まれてから25日《にち》目《め》やっと貝《かい》ができます。

産卵《さんらん》するアワビ。めすはたまごを海中《かいちゅう》にけむりのようにふきだします。それにおすのふきだした精子《せいし》がまざりあって受精《じゅせい》するのです。たまごの大《おお》きさは，わずか0.25ミリメートルしかありません。1回《かい》の産卵《さんらん》に，50万《まん》から 100万個《まんこ》もうみます。

カタツムリのたまごが大《おお》きいわけは？

たまごの大《おお》きさを、アワビのたまごとくらべてみると、どちらも貝《かい》のなかまなのに、ずいぶん大《おお》きさがちがいます。

アワビの子《こ》どもは、まだ、貝《かい》の形《かたち》をしていないすがたで生《う》まれてきて、海水《かいすい》にただよっているえさを食《た》べてそだちます。

しかし、カタツムリのたまごのまわりには海水《かいすい》はありません。だから、カタツムリの子《こ》どもは、親《おや》とおなじすがたになるまでたまごの中《なか》でくらさなければなりません。そのためにたまごの中《なか》に、はじめからたっぷり養分《ようぶん》をたくわえておく必要《ひつよう》があるのです。

赤《あか》ちゃんのたんじょう

土《つち》のしめり気《け》と、ほどよい温度《おんど》にまもられて、たまごの中《なか》で赤《あか》ちゃんがどんどん成長《せいちょう》をつづけます。白《しろ》いからをとおして、中《なか》のカタツムリがうっすらみえるようになると、まもなくたんじょうです。

赤《あか》ちゃんは、産卵後《さんらんご》三～四週間《しゅうかん》で生《う》まれてきます。そっと、生《う》まれてくるようすをかんさつしてみましょう。

→からに小《ちい》さなひびがはいり、だんだん大《おお》きくひろがります。

→二十分後《ぶんご》、われ目《め》から触角《しょっかく》、つづいて頭《あたま》があらわれました。

←さらに五分後《ふんご》、すっかりからがやぶれて、中《なか》から小《ちい》さなヒダリマキマイマイの赤《あか》ちゃんがあらわれました。

⬆生《う》まれてまもないヒダリマキマイマイの赤《あか》ちゃん。たまごからでるとすぐにはいだし，えさをさがしはじめます。えさは，やわらかい草《くさ》の芽《め》。海《うみ》の貝《かい》の子《こ》どもとちがって，すぐ親《おや》とおなじようなくらしをはじめます。

⬇赤《あか》ちゃんカタツムリは，生《う》まれるとつぎつぎに歩《ある》きだし，おもいおもいのところへちらばっていきます。まだからがかるいので，親《おや》にくらべてはやく歩《ある》けます。

➡生《う》まれてから約《やく》一か月目《げつめ》のヒダリマキマイマイ。大《おお》きさは約《やく》二倍《ばい》になりました。でもからはまだうすいので、そっとつかまないと、こわれてしまいます。

⬅カタツムリは、なかまからはなれて、ひとりで生《い》きていきます。小《ちい》さなからだは、雨《あめ》のしずくにものみこまれそうです。

カタツムリのから

カタツムリは、からだの成長《せいちょう》にあわせてからのうずまきをふやし、大《おお》きくしていかなければなりません。

たいせつなからをつくるためには、石灰《せっかい》質《しつ》が必要《ひつよう》です。石灰岩《せっかいがん》地帯《ちたい》には、比較的《ひかくてき》たくさんのカタツムリがすんでいます。

生《う》まれたばかりのカタツムリのからは、紙《かみ》のようにうすく、直径《ちょっけい》はわずか四ミリメートルほど。からのうずまきも一まき半《はん》しかありません。

ヒダリマキマイマイでは、一月《つき》もたつと、からの直径《ちょっけい》は約《やく》八ミリメートル。厚《あつ》みもまし、うずまきも二まき半《はん》くらいになります。

←雨《あめ》あがりの夕方《ゆうがた》、ものほしざおの上《うえ》をはうヒダリマキマイマイを二ひきみつけました。左《ひだり》はすっかり大《おお》きくなった親《おや》のカタツムリ、右《みぎ》は生《う》まれて約《やく》二か月《げつ》目《め》の赤《あか》ちゃんカタツムリです。

カタツムリのなかま

カタツムリのなかまは、日本《にっぽん》にはおよそ百種類《ひゃくしゅるい》くらいすんでいますが、ふだん目《め》につくのはごくわずかな種類《しゅるい》です。

世界中《せかいじゅう》では約《やく》一万《まん》八千《せん》種《しゅ》といわれており、めずらしい色《いろ》やもようのカタツムリもたくさんいます。

→**オオケマイマイ**　からのふちにそって毛《け》がはえています。からの直《ちょっ》径《けい》約《やく》二・五センチ、高《たか》さ一・三センチ。東北地方《とうほくちほう》に多《おお》くいます。

←**ミスジマイマイ**　からに四本《ほん》の帯《おび》があります。直径《ちょっけい》約《やく》三・五センチ、高《たか》さ二センチ。関東地方《かんとうちほう》の平地《へいち》にすんでいます。

←**タシナミオトメマイマイ**　からは乳白色《にゅうはくしょく》で、まわりに帯《おび》があります。直径《ちょっけい》約《やく》一センチ、高《たか》さ〇・七センチ。本州《ほんしゅう》、九州《きゅうしゅう》に多《おお》くいます。

→**ウスカワマイマイ**　からがうすく、帯《おび》はありません。直径《ちょっけい》約《やく》二・五センチ、高《たか》さ二センチ。全国《ぜんこく》の田畑《たはた》や庭《にわ》にいます。

←**ヒダリマキマイマイ**　からのうずが左《ひだり》まきになっています。直径《ちょっけい》約《やく》四・四センチ、高《たか》さ二・五センチ。関東《かんとう》、東北地方《とうほくちほう》に多《おお》くいます。

世界《せかい》のカタツムリ

↑**サオトメイトヒキマイマイ**　美《うつく》しい帯《おび》があります。高《たか》さ約《やく》3センチ。西《にし》インド諸島《しょとう》産《さん》。

↑**アカマイマイ**　からの口《くち》は大《おお》きくはりだし，赤味《あかみ》をおびています。直径《ちょっけい》約《やく》4センチ。スリランカ産《さん》。

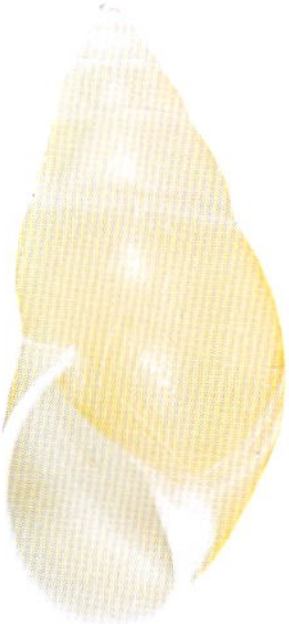

←**シロマイマイ**　からは光沢《こうたく》のある黄色《きいろ》で、左《ひだり》まきです。高《たか》さ約《やく》四センチ。フィリピン産《さん》。

↓交尾《こうび》する**エスカルゴ**　フランスでは食用《しょくよう》にします。からの直径《ちょっけい》，高《たか》さともに約《やく》4センチ。

←**アフリカマイマイ**　夜間活動《やかんかつどう》して、野《や》さいやくだもの畑《ばたけ》をあらすきらわれ者《もの》。からの直径《ちょっけい》約《やく》五・五センチ、高《たか》さ十センチ。東《ひがし》アフリカ原産《げんさん》で、日本《にっぽん》には奄美大《あまみおお》島《しま》、小笠原《おがさわら》諸島《しょとう》にいます。

日本《にっぽん》のカタツムリ

↑**ミスジマイマイ**　帯《おび》の数《かず》にはいろいろの変化《へんか》があり，ぶちのもようがあるものもいます。

↑ねん液《えき》で木《き》にぴったりくっついて，ねむっているミスジマイマイ。

↓ねむっているときは，入口《いりぐち》をねんまくでふたをして，からだから水分《すいぶん》がにげないようにしています。でも，呼吸《こきゅう》のために空気《くうき》をすいこむあなだけはあいています。

夏《なつ》のねむり

暑《あつ》い夏《なつ》がやってきました。梅雨《つゆ》のあいだ、たくさんみられたカタツムリのすがたが、あまりみあたりません。かんそうのきらいなカタツムリは、夏《なつ》がにがてなのです。

日《ひ》のあたらない石《いし》がきのおくや、木《き》のかげにかくれて、カタツムリはからの中《なか》にとじこもってしまいました。しかも、からの口《くち》をねん液《えき》でつくったうすいまくでふさいでいます。からだがかわくのをふせいでいるのです。

これからカタツムリは、夏《なつ》の暑《あつ》さにたえていかなければなりません。

ためしてみよう

夏《なつ》、木《き》のえだにくっついてねむっているカタツムリをみつけたら、そっとはぎとってきて、カタツムリをおこしてみませんか。

　からの入口《いりぐち》に水《すい》てきをたらしてごらん。カタツムリが目《め》をさましますよ。からのおくの方《ほう》から、むくむくともりあがるように、カタツムリがでてきます。

　まくをやぶるようすや、だんだんからだがでてくるようすをかんさつしてみましょう。

①からだがもりあがった。

②足《あし》がでてきた。

③頭《あたま》がでてきた。

④少《すこ》しはいだした。

⑤からをおこした。

⑥歩《ある》きだした。

➡ぴんと触角《しょっかく》をのばしたカタツムリ。触角《しょっかく》はあっちこっちへ向《む》きをかえることができ，テレビやラジオのアンテナのようです。

⬇カタツムリの目《め》は，長《なが》い方《ほう》の触《しょっ》角《かく》の先《さき》についています。

二対《つい》の触角《しょっかく》と目《め》

カタツムリの頭《あたま》の先《さき》には、大《だい》小《しょう》二対《つい》の触角《しょっかく》があります。大《おお》きい方《ほう》の触角《しょっかく》の先《さき》には、目《め》がついています。でも、この目《め》ではごく近《ちか》いところしかみることができません。

小《ちい》さい方《ほう》の触角《しょっかく》は、とてもびんかんです。食《た》べものの味《あじ》やにおいをすぐにかぎわけることができます。

カタツムリには耳《みみ》がありません。だから、大《おお》きな音《おと》をだしても少《すこ》しもおどろきません。

●ためしてみよう

　カタツムリがはいだしてきたら、こんどは触角《しょっかく》のようすをかんさつしましょう。触角《しょっかく》は頭《あたま》のどこからでてくるでしょう。でてくるじゅんじょはどうでしょう。

　触角《しょっかく》の先《さき》を、指《ゆび》でちょっとさわってみましょう。触《しょっ》角《かく》はどんなうごきをするでしょうか。

　触角《しょっかく》のそばで、かいちゅうでんとうをつけてみましょう。光《ひかり》を左右《さゆう》にうごかしてみましょう。触角《しょっかく》はどんなうごきをするでしょうか。

➡カタツムリの触角《しょっかく》は，おもいのままにのばしたりちぢめたりすることができます。触角《しょっかく》をからだからだすときは，①まず，えをのばします。②触角《しょっかく》の先《さき》に目《め》があらわれると，③え全体《ぜんたい》を，すーっとのばします。触角《しょっかく》をちぢめるときは，えを内《うち》がわにまきこむようにしてから，からだの中《なか》にひっこめていきます。

➡足《あし》のは・ば・より細《ほそ》いつ・る・や、ひもの上《うえ》でも、足全体《あしぜんたい》でつつみこむようにしてじょうずに歩《ある》く**ヒダリマキマイマイ**。

カタツムリの歩《ある》き方《かた》

カタツムリをみていると、足《あし》はほとんどうごいていないのに、からだはすべるように前進《ぜんしん》していきます。

このすべるようなカタツムリの歩《ある》き方《かた》は、足《あし》の筋肉《きんにく》ののびちぢみによります。カタツムリの足《あし》の筋肉《きんにく》に、後《うし》ろから前《まえ》にむかううごく波《なみ》ができ、このうごきによってからだが前《まえ》におしだされるのです。

小《ちい》さな波《なみ》でも、からだが前《まえ》へすべりやすいように、カタツムリは、いつもぬるぬるしたね・ん・液《えき》をだして歩《ある》いています。

●ためしてみよう

カタツムリにいろいろなところをはわせて、歩《ある》き方《かた》をしらべてみましょう。

まどガラスの上《うえ》をはわせて、うらからみてみましょう。おなかの下全体《したぜんたい》にこまかい波《なみ》ができて、からだがおしだされるようすがよくわかります。

おなかの下全体《したぜんたい》が足《あし》のはたらきをすることから、カタツムリの足《あし》を腹足《ふくそく》とよんでいます。

カタツムリの歩《ある》く速度《そくど》もしらべてみましょう。

↑カタツムリは，カミソリのはの上《うえ》を歩《ある》いてもへいきです。足《あし》の筋肉《きんにく》で，はをつつみこんでしまうのです。

←ガラスの上《うえ》をはわせて，うらからみてみました。足《あし》の筋肉《きんにく》にできる波《なみ》や，ねん液《えき》をだしてぬるぬるの道《みち》をつくってすすんでいくようすがよくわかります。

→右《みぎ》，カタツムリの口《くち》（矢印《やじるし》）。↓下《した》，けんび鏡《きょう》でみたカタツムリの歯《は》。たくさんの小《ちい》さな歯《は》が，ヤスリのようにならんでいます。

カタツムリの歯《は》

カタツムリの舌《した》には、小《ちい》さな歯《は》がたくさんならんでいます。この歯《は》は、海草《かいそう》を食《た》べるアワビやサザエの歯《は》とおなじもので、歯舌《しぜつ》といいます。その数《かず》は、一万本《まんぼん》以上《いじょう》もあるといわれています。

たくさんならんだ歯《は》は、ヤスリのようです。カタツムリが木《き》の葉《は》や若《わか》葉《ば》を食《た》べるとき、けずりとるようにして食《た》べるのはそのためです。

するどくじょうぶな歯《は》も、つかっているうちにすりへってきます。でも新《あたら》しい歯《は》が、またはえてきます。

●ためしてみよう

カタツムリをつかまえてきて、水《すい》そうでかってみましょう。野《や》さいをやって、食《た》べるようすをかんさつしてみましょう。

また、池《いけ》や田《た》んぼにいき、タニシをとってきて、水《すい》そうにいれて、かってみましょう。

タニシが、ガラスについたアオゴケを食《た》べるようすがよくわかります。

カタツムリもタニシも、おなじような歯舌《しぜつ》をもっています。食《た》べるようすや、食《た》べあとなどをくらべてみましょう。

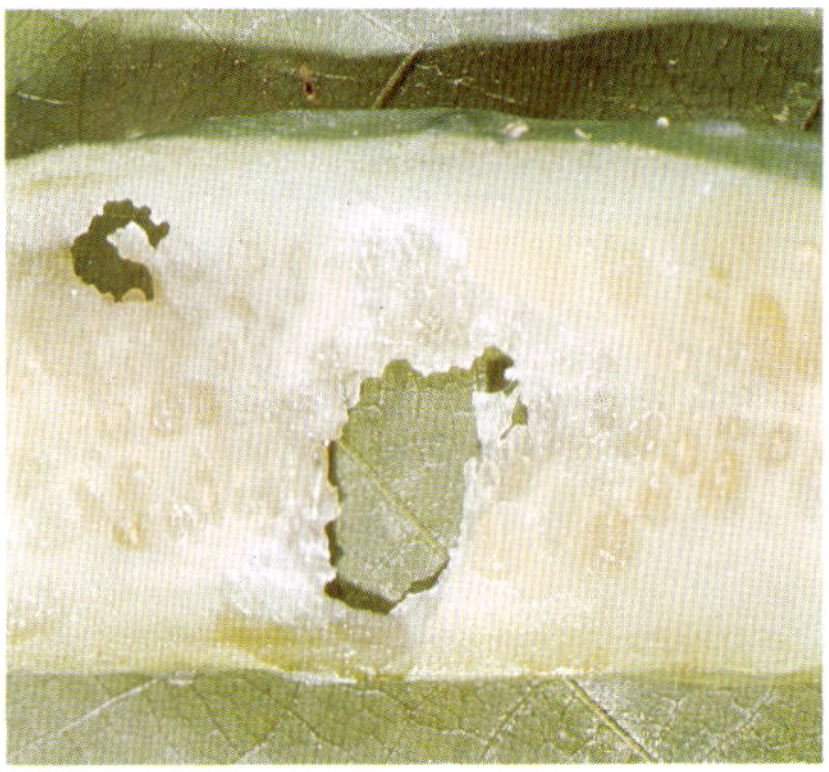

↑キュウリについた，カタツムリの食《た》べあと。

↖←水田《すいでん》や池《いけ》でくらしているタニシ(上《うえ》)は，水中《すいちゅう》の石《いし》や草《くさ》のくきなどの表面《ひょうめん》についたアオゴケを，歯舌《しぜつ》でけずりとるようにして食《た》べます。ガラスばちでかうと，ガラスについたアオゴケを食《た》べたあとがきれいにつきます(下《した》)。

↑からの内《うち》がわにえりがはりつくようにしてあります。このえりに小《ちい》さなあな（矢印《やじるし》）があいていて，ここから空気《くうき》をすいこんだり，ふんを外《そと》へすてたりします。

↑えりにあるあな（はいせつ口《こう》）から，ふんをだすミスジマイマイ。

カタツムリのふん

カタツムリのからの入口《いりぐち》は、やわらかいえりでおおわれています。そのえりには、小《ちい》さなあながあいています。

これは、空気《くうき》をとりいれるあなで、中《なか》のかべは、はいにつながっています。カタツムリは、えらで呼吸《こきゅう》をする海《うみ》の貝《かい》とちがって、はいで呼吸《こきゅう》するのです。

このあなには、もう一つのはたらきがあります。あなのかべには小《ちい》さなあながもう一つあいていて、ここからふんをだすのです。黒《くろ》いふんが、このあなからひものようにねじれながらでてくるのを、よくみかけます。

●しらべてみよう

カタツムリに、いろいろな色《いろ》の野《や》さいを食《た》べさせて、えりのあなからでてくるふんのようすをかんさつしましょう。

食《た》べた野《や》さいの色《いろ》によって、ふんの色《いろ》はどうちがうでしょう。

食《た》べはじめてから、どれぐらいの時間《じかん》でふんがでてくるでしょう。

野《や》さいのほかに、どんなものを食《た》べるでしょう。魚《さかな》や肉《にく》、くだものなどもあたえてみましょう。どんな色《いろ》のふんがでるかな。

⬇ニンジンを食《た》べさせたら，オレンジ色《いろ》のふんをしました。

⬇レタスを食《た》べさせたら，緑《みどり》色《いろ》のふんをしました。

←ウスカワマイマイをおそうマイマイカブリ。カタツムリが，いくらからのおくにからだをちぢめても，細《ほそ》い胸《むね》ごと頭《あたま》をからの中《なか》につきさして食《た》べてしまいます。そのようすが，カタツムリ（マイマイ）をかぶっているようにみえるので，マイマイカブリという名前《なまえ》がつけられました。幼虫《ようちゅう》もカタツムリを食《た》べます。

→カタツムリをおそうイワサキマドボタルの幼虫《ようちゅう》。幼虫《ようちゅう》はカタツムリにからだごとまきついて，毒《どく》でカタツムリをよわらせてから食《た》べてしまいます。

カタツムリの敵《てき》

カタツムリには、敵《てき》とたたかう武《ぶ》器《き》はありませんが、いざというときにからだごともぐりこめるかたいからがあります。

しかし、それだけではけっして安《あん》全《ぜん》ではありません。

夜《よる》、地《じ》面《めん》をはっているときが最《もっと》もきけんです。マイマイカブリというおそろしいこん虫《ちゅう》がまちかまえています。とつぜん、カタツムリにおそいかかり、からのおくふかくまで頭《あたま》をつっこみ、するどいあごでカタツムリの肉《にく》をくいちぎってしまいます。

➡たんじょうから1か月目《げつめ》の子《こ》どもと親《おや》のカタツムリ。親《おや》のカタツムリのからの入口《いりぐち》は，はしがめくれあがっているのがとくちょうです。

⬅クサギの葉《は》をはうミスジマイマイ。先頭《せんとう》は，2年目《ねんめ》をむかえた若《わか》いカタツムリ。ことし生《う》まれたばかりの赤《あか》ちゃんカタツムリは，親《おや》のからの上《うえ》で，ちゃっかりひとやすみ。

カタツムリの成長《せいちょう》

九月《がつ》、気温《きおん》もさがり、秋《あき》の長雨《ながあめ》がつづく季節《きせつ》になりました。夏《なつ》のやけつくような暑《あつ》さをさけて、うたたねをしていたカタツムリが、また元気《げんき》をとりもどします。

七月《がつ》に生《う》まれたカタツムリのからが、やっと直径《ちょっけい》一センチメートルくらいになりました。

親《おや》になるまでの時間《じかん》は、種類《しゅるい》によってちがいます。オナジマイマイやウスカワマイマイは、一年《ねん》で親《おや》になります。ミスジマイマイは、三年《ねん》ぐらいかかります。

子《こ》どもと、親《おや》になったものとの区別《くべつ》は、からの入口《いりぐち》の形《かたち》でわかります。

➡赤《あか》や黄色《きいろ》に紅葉《こうよう》した葉《は》にとけこむようにして、のこり少《すく》なくなったやわらかい木《き》の葉《は》を食《た》べるミスジマイマイ。秋《あき》のしめりもあとわずか。寒《さむ》さとかんそうの冬《ふゆ》は、もうすぐです。

⬆秋《あき》の木《こ》もれ日《び》が，カタツムリをてらしています。はじめてむかえる冬《ふゆ》にそなえて，カタツムリの子《こ》どもはいそがしそう。

秋《あき》もふかまって

野山《のやま》があざやかに色《いろ》づき、秋《あき》もふかまってきました。カタツムリは、のんびりしてはいられません。せっせとえさをさがします。親《おや》にまじって、ことし生《う》まれた小《ちい》さなカタツムリも、いっしょうけんめいえさを食《た》べています。

きびしい冬《ふゆ》がやってくる前《まえ》に、からだの中《なか》にいっぱい栄養《えいよう》をたくわえておかなければならないのです。

↑冬眠《とうみん》にはいりかけた秋《あき》のおわりごろでも，雨《あめ》がふると，まくをやぶってでてくることがあります。

↑きびしいかんそうから身《み》をまもるために入口《いりぐち》にまくをはります。でも，空気《くうき》をとりいれるあながぽつんとあいています。

冬眠《とうみん》のじゅんび

落葉《おちば》も厚《あつ》くつもり、冬《ふゆ》はもうすぐそこまでやってきました。

カタツムリは、寒《さむ》い風《かぜ》や雪《ゆき》をさけるために、木《き》の葉《は》や草《くさ》むらの中《なか》にかくれて冬眠《とうみん》をします。

からのおくふかくからだをちぢめて、からの入口《いりぐち》はまくのカーテンでふさぎます。そのまくも、一まいだけでは寒《さむ》さやかんそうにたえることができないので、二重《にじゅう》、三重《さんじゅう》のまくをはるのです。

そして、野山《のやま》に初雪《はつゆき》がふるころには、カタツムリの親《おや》や子《こ》どもたちは、春《はる》までの長《なが》い長《なが》いねむりにつきます。

⬇カタツムリは，体温《たいおん》の調節《ちょうせつ》ができない動物《どうぶつ》です。そのため冬《ふゆ》のあいだ，長《なが》いねむりにつきます。このミスジマイマイは，このまま草《くさ》むらの中《なか》で冬眠《とうみん》するのでしょう。

雪《ゆき》の下《した》で、落葉《おちば》にうもれて
カタツムリが冬眠《とうみん》します。
春《はる》のまぶしい日《ひ》ざしが
おとずれるまで、
ゆっくりやすみます。

＊海《うみ》から陸《りく》へ——カタツムリのくらしの変化《へんか》

カタツムリのことをみなさんはどうよんでいますか。「デンデンムシ」ですか、「デデムシ」ですか。このよび名《な》は、からの中《なか》からはやく「でよでよ！」というよびかけからきたよび名《な》です。

ほねもなく、筋肉《きんにく》だけでできているからだを、石灰質《せっかいしつ》でできているうずまきになった、かたいからにつつみこんでいるこの動物《どうぶつ》のほんとうの名前《なまえ》は「マイマイ」※です。もともとは海《うみ》にすんでいるまき貝《がい》のなかまなのです。

貝《かい》のなかまが地球上《ちきゅうじょう》にあらわれたのは、およそ六億年前《おくねんまえ》の大《おお》むかしのことです。その貝《かい》のなかに、海《うみ》から川《かわ》へと、だんだんすみかをひろげていったものがいました。

そして、いまからおよそ一千万年《せんまんねん》ほど前《まえ》、陸《りく》の生活《せいかつ》にすっかりなじんでしまったのがカタツムリなのです。

●化石《かせき》になりかかっているカタツムリ。

●カタツムリのからをわってみました。

※カタツムリやデンデンムシというよび名《な》は俗称《ぞくしょう》で、マイマイは、分類《ぶんるい》のときにつかう和名《わめい》です。

⬆夜《よる》の海辺《うみべ》で，石《いし》についた小《ちい》さな海藻《かいそう》を食《た》べるマツバガイ。貝《かい》のまわりには，歯舌《しぜつ》でこすりとって食《た》べたあとがみえます。

＊いまものこっている海《うみ》のくらし

⬆淡水《たんすい》にすむインドヒラマキガイが，歯舌《しぜつ》でアオゴケをこすりとって食《た》べるようすを，ガラスごしにみました。

大《おお》むかし、海《うみ》の中《なか》でくらしていたことをしめすしょうこが、いまでもカタツムリのからだのしくみや、くらしのなかにのこっています。

カタツムリの先祖《せんぞ》が、海《うみ》の中《なか》にすんでいたころは、コンブやワカメなどの海藻《かいそう》を食《た》べていたようです。やすりのような歯舌《しぜつ》は、海藻《かいそう》をけずりとるにはとてもべんりです。それに、海藻《かいそう》だけにふくまれているアルギン酸《さん》という物質《ぶっしつ》を消化《しょうか》する消化液《しょうかえき》を、カタツムリはいまでもからだの中《なか》にちゃんともっています。

カタツムリが、ぬるぬるの体液《たいえき》をだすのもその一つです。海《うみ》にすんでいる貝《かい》は、どれでもぬるぬるの体液《たいえき》をだします。体液《たいえき》は、からの中《なか》からでたりはいったりするときにうすい皮《ひ》ふにきずをつけないために、砂《すな》やどろの中《なか》にもぐるとき、皮《ひ》ふがきずつかないように、また足《あし》のうらからでる体液《たいえき》は、岩《いわ》などにすいつく力《ちから》を強《つよ》めるためにたいへん役立《やくだ》っています。

かわいた空気《くうき》は、カタツムリのからだの水分《すいぶん》をうば

⬆ぬるぬるした体液《たいえき》のおかげで，ざらざらの木《き》のみきにもすいつくことができます。また，足《あし》の筋肉《きんにく》にできるわずかな波《なみ》の力《ちから》でも，からだをおしあげ，すべらすことができます。

⬇水中《すいちゅう》で生活《せいかつ》する貝類《かいるい》には，ほとんどえらがあります。でも，陸《りく》でくらすようになったカタツムリには，えらはなくなってしまいました。

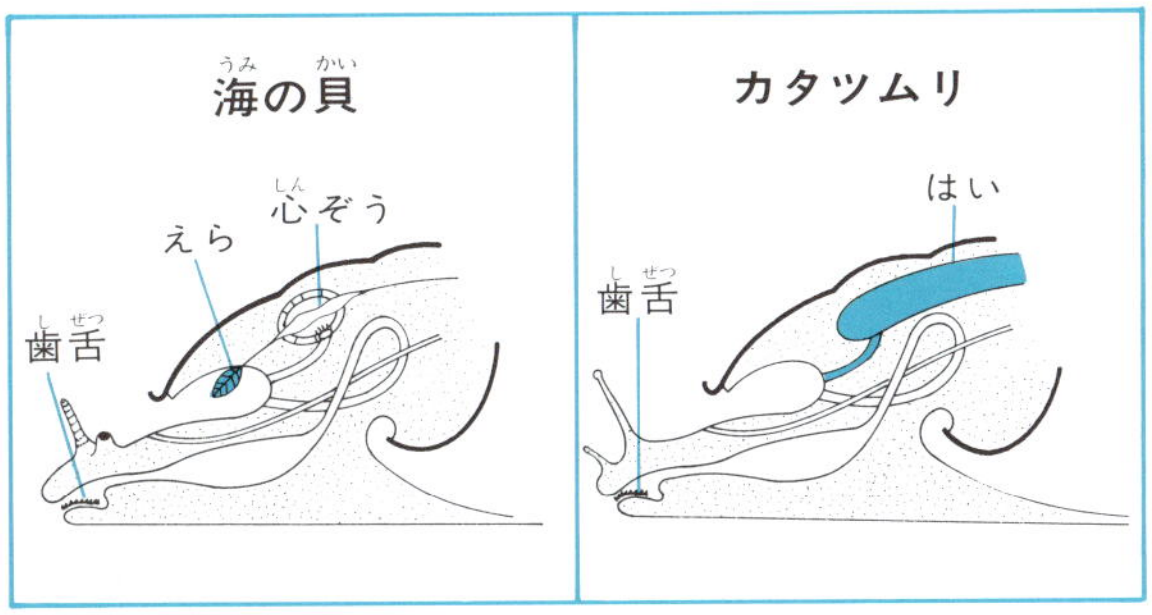

います。カタツムリは、陸《りく》の生活《せいかつ》になってからは、からだとかわいた空気《くうき》とのあいだをさえぎるかべとして、いまでも体液《たいえき》をだしつづけているのです。

もちろん、からだのつくりが陸《りく》の生活《せいかつ》にあうように、すっかり変化《へんか》してしまったところもあります。

海《うみ》では、海水中《かいすいちゅう》の酸素《さんそ》をえらからとりいれて呼吸《こきゅう》していたのに、いまでは、からだの一部《いちぶ》がはいに変化《へんか》し、空気中《くうきちゅう》の酸素《さんそ》をすって呼吸《こきゅう》しています。そのため、役《やく》にたたなくなったえらはいつのまにか退化《たいか》し、いまではあとかたもなくすがたをけしてしまいました。

⬇砂《すな》にもぐるバイ。体液《たいえき》のおかげで砂《すな》にもぐるときでもやわらかい皮《ひ》ふはきずつきません。

▼オカモノアラガイ
うすくてもろいからをもっています。からの高《たか》さは約《やく》2.5センチメートル。池《いけ》にすんでいるモノアラガイににていますが，目《め》がつのの先《さき》についているのがとくちょうです。水《みず》辺《べ》の草《くさ》の上《うえ》にすんでいます。

▲ナメクジ
ナメクジの先祖《せんぞ》も，もともとはカタツムリとおなじようにからを背《せ》おっていました。からだの中《なか》に，いまでも小《ちい》さくなったからをもっている種類《しゅるい》のナメクジがいます。

▲キセルガイ
細《ほそ》長《なが》い形《かたち》をしたからをもっています。からのまき方《かた》はほとんど左《ひだり》まき。からの高《たか》さは約《やく》2センチメートル。くち木《き》の下《した》などの，じめじめしたしっ気《け》の多《おお》いところにすんでいます。

カタツムリを水《みず》の中《なか》にいれたらどうなるでしょう。カタツムリは、呼吸《こきゅう》ができなくなって死《し》んでしまいます。カタツムリには、水中《すいちゅう》で呼吸《こきゅう》するためのえらが、もうなくなってしまっているからです。

カタツムリとおなじように、海《うみ》の生活《せいかつ》から陸《りく》の生《せい》活《かつ》にかわったまき貝《がい》のなかまがほかにもいます。キセルガイ、オカモノアラガイ、ナメクジなどです。どれもはい呼吸《こきゅう》をしていますから、水《みず》の生活《せいかつ》にはもどることができません。

からがないナメクジもまき貝《がい》のなかまです。むかしは貝《かい》がらを背《せ》おっていました。陸《りく》の生活《せいかつ》では、重《おも》いからはじゃまです。そのため、からはいつのまにか退化《たいか》し、なくなってしまったのです。

しかし、からがなくなったのでは、かわいた日《ひ》には外《そと》をはいまわることができません。からだからどんどん水分《すいぶん》がうばわれてしまいます。そのため、ナメクジはいつもじめじめしたところや、しめった夜《よる》しかはいまわれなくなりました。

※カタツムリは，ほねをもたない軟《なん》体《たい》動《どう》物《ぶつ》のなかまです。軟《なん》体《たい》動《どう》物《ぶつ》には，絵《え》のようないろいろななかまがいます。

軟体動物《なんたいどうぶつ》のなかま

タコ
イカ
まき貝《がい》のなかま
ツノガイ
アサリ
(二枚貝《にまいがい》)
ヒザラガイ
はいで呼《こ》吸《きゅう》するなかま
アメフラシ
ウミウシ
※からは退化《たいか》してしまった
タニシ
サザエ
アワビ
目《め》が長《なが》いえ(つの)の先《さき》に
ついているなかま
目《め》が触角《しょっかく》のねもとに
ついているなかま
マイマイ
(カタツムリ)
ナメクジ
オカモノアラガイ
キセルガイ
インドヒラマキガイ
モノアラガイ
カラマツガイ

＊くらべてみましょう――サザエとカタツムリ

サザエをみたことがありますか。食《た》べたことがありますか。サザエは、つのがつきでた、ごつごつしたからをもつまき貝《がい》です。北海《ほっかい》道南部《どうなんぶ》から九州《きゅうしゅう》までのいそべに、たくさんすんでいます。

おなじまき貝《がい》でも、陸《りく》でくらしているカタツムリと海《うみ》でくらしているサザエとでは、からだのしくみやくらしがいろいろちがいます。

どこがどうちがうのか、それはなぜか、しらべてみましょう。

■から

●サザエ

波《なみ》にさらわれて岩《いわ》にぶつかってもこわれないように、ごつごつした重《おも》いからをもっています。でも、水《みず》には物《もの》をもちあげようとする力《ちから》(浮力《ふりょく》)があるので、重《おも》くてもじゃまにはなりません。

●カタツムリ

なめらかで、うすいからをもっています。陸《りく》では浮《ふ》力《りょく》がないので、できるだけ軽《かる》くしておかなければならないのです。赤《あか》ちゃんのからは紙《かみ》のようにうすく、すけてみえるほどです。

■ふたとまく

●サザエ

貝《かい》の敵《てき》は魚《さかな》です。やわらかいからだをするどい歯《は》でくいちぎられてしまいます。サザエは、敵《てき》にあうとすぐにからの中《なか》にもぐり、かたいふたをぴったりとしめてかくれてしまいます。

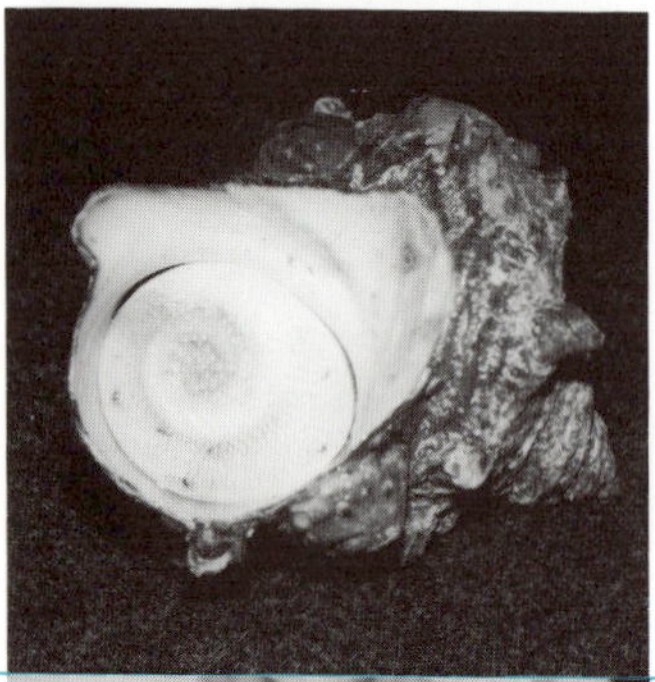

●カタツムリ

カタツムリにはふたがありません。はい呼吸《こきゅう》をするため、ふたがあると息《いき》がつまってしまいます。

だから、まくをはるときでも空気《くうき》のとおるあなをちゃんとあけておきます。

足《あし》

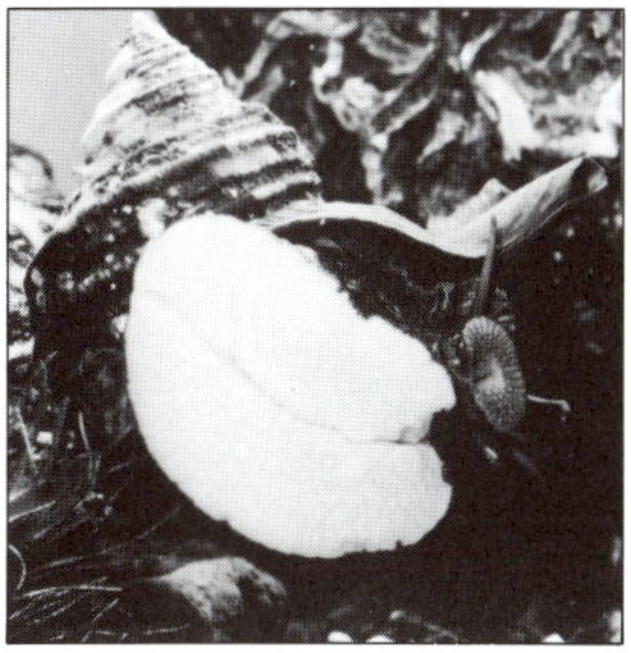

●**サザエ**

腹足《ふくそく》が左右二《さゆうふた》つにわかれています。腹足《ふくそく》のうらにできる小《ちい》さな波《なみ》のはたらきで、からだをおすようにして前《まえ》へすすみます。

左右《さゆう》の腹足《ふくそく》をかわるがわるにうごかすので、歩《ある》き方《かた》もはやく、大《おお》きく方向《ほうこう》をかえることもできます。

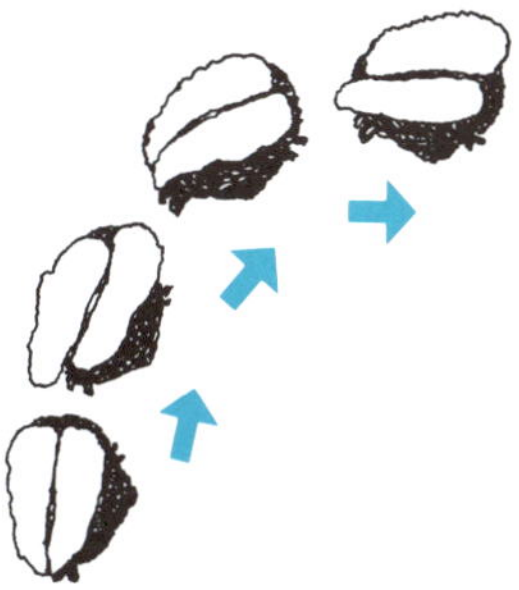

●**カタツムリ**

おなかの下全体《したぜんたい》が足《あし》の役目《やくめ》をする腹足《ふくそく》です。

下《した》がかわいていると、筋肉《きんにく》にできた小《ちい》さな波《なみ》の力《ちから》では、からだをおしすすめることができません。

だから、カタツムリはからだからねん液《えき》をだして、ぬるぬるした道《みち》をつくりながらすすんでいきます。

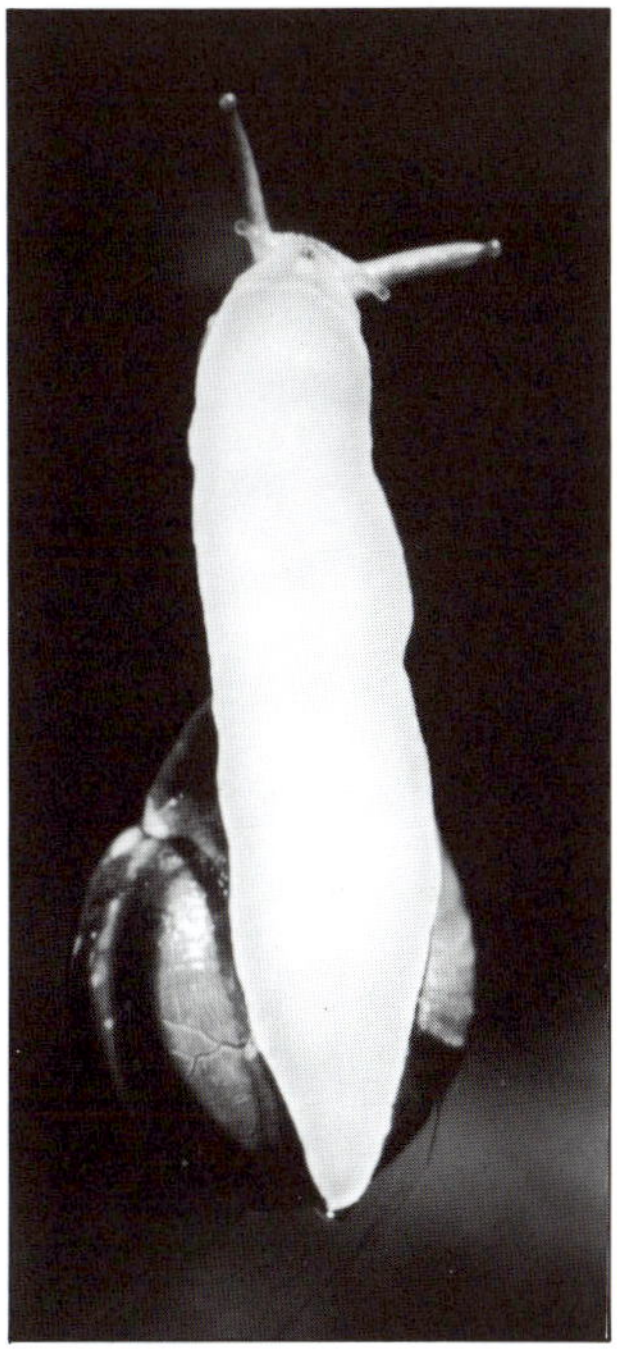

目《め》

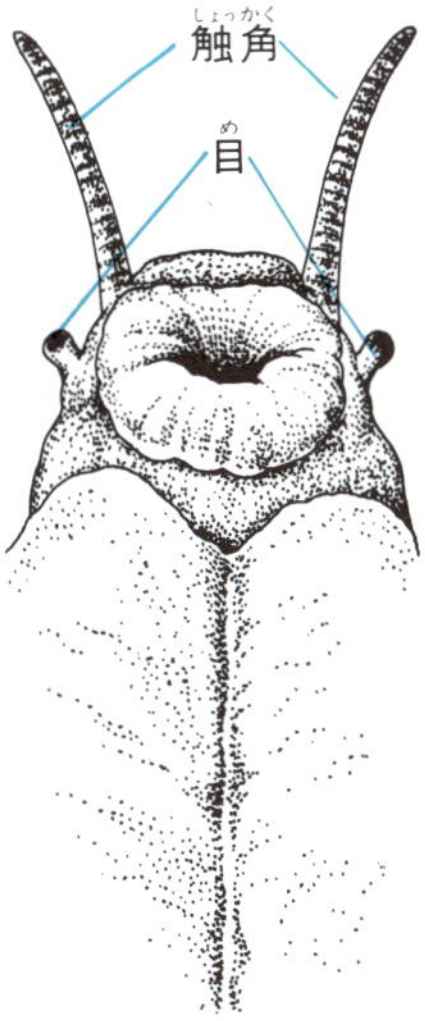

●**サザエ**

サザエの目《め》は、触角《しょっかく》のねもとについています。

物《もの》がふれても、体内《たいない》にひっこむことはありません。

きけんがせまると、からだごとからの中《なか》にもぐりこませ、からをふたでとじてしまいます。

●**カタツムリ**

大《おお》きい方《ほう》の触角《しょっかく》の頭《あたま》についています。

指《ゆび》でさわると、さわられた方《ほう》の目《め》だけを、すーっとまくように体内《たいない》にひっこめます。

そして、しばらくしてきけんがないとわかると、すーっとまた上《うえ》へのばします。

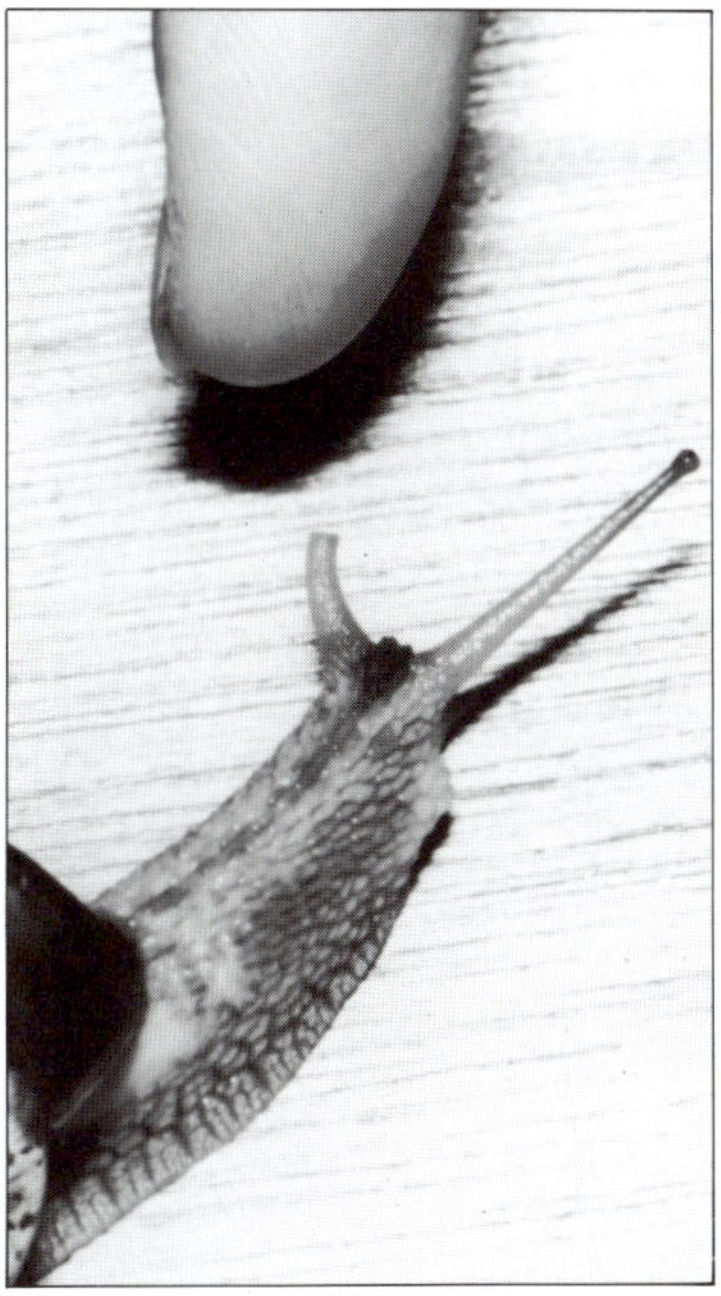

＊カタツムリのからだしらべ

カタツムリは、タコ、イカ、貝《かい》などとおなじ軟体動物《なんたいどうぶつ》のなかまです。

ほかの動物《どうぶつ》と、いろいろなところがちがいます。からの中《なか》のからだはどうなっているのか、しらべてみましょう。

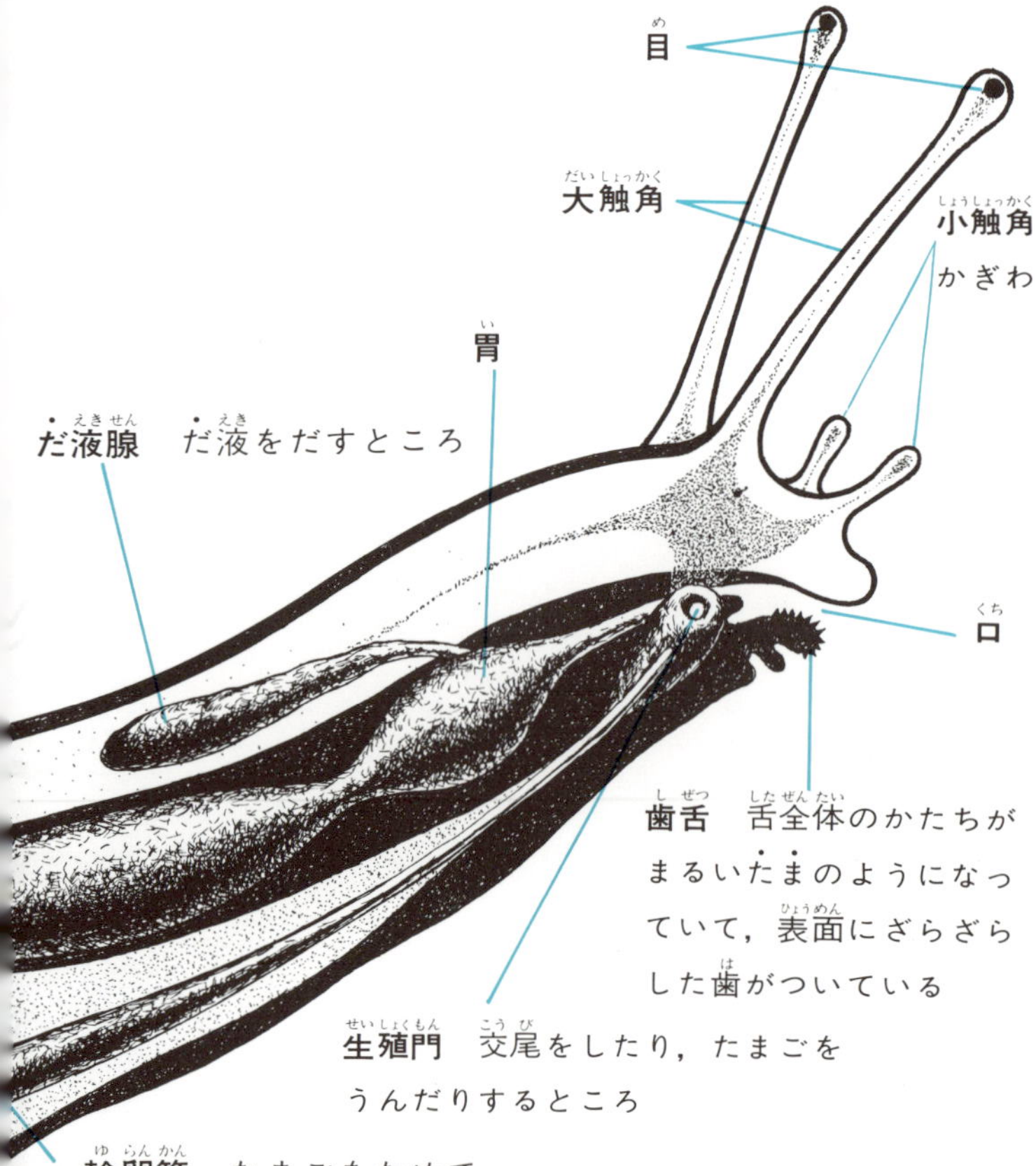
目《め》
大触角《だいしょっかく》
小触角《しょうしょっかく》　においをかぎわけるところ
胃《い》
だ液腺《えきせん》　だ液《えき》をだすところ
口《くち》
歯舌《しぜつ》　舌全体《したぜんたい》のかたちがまるいたまのようになっていて，表面《ひょうめん》にざらざらした歯《は》がついている
生殖門《せいしょくもん》　交尾《こうび》をしたり，たまごをうんだりするところ
輸卵管《ゆらんかん》　たまごをためておいたり，おくりだしたりするところ

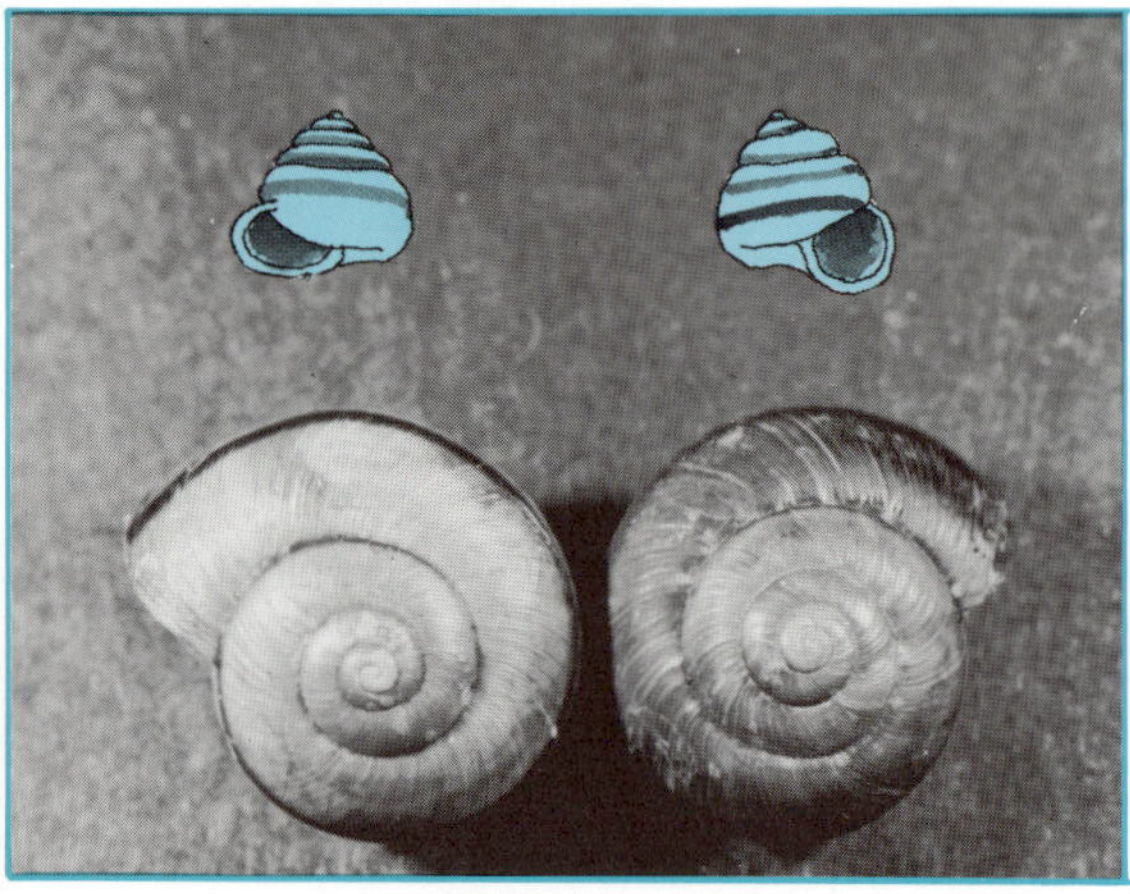

●右《みぎ》まきと左《ひだり》まき

カタツムリのからをたてて、からの口《くち》が右《みぎ》にある方《ほう》が右《みぎ》まき、左《ひだり》にある方《ほう》が左《ひだり》まきです。

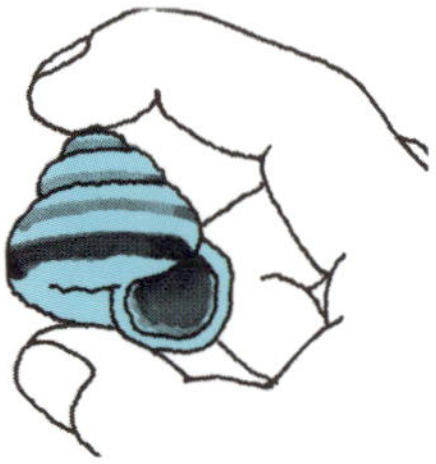

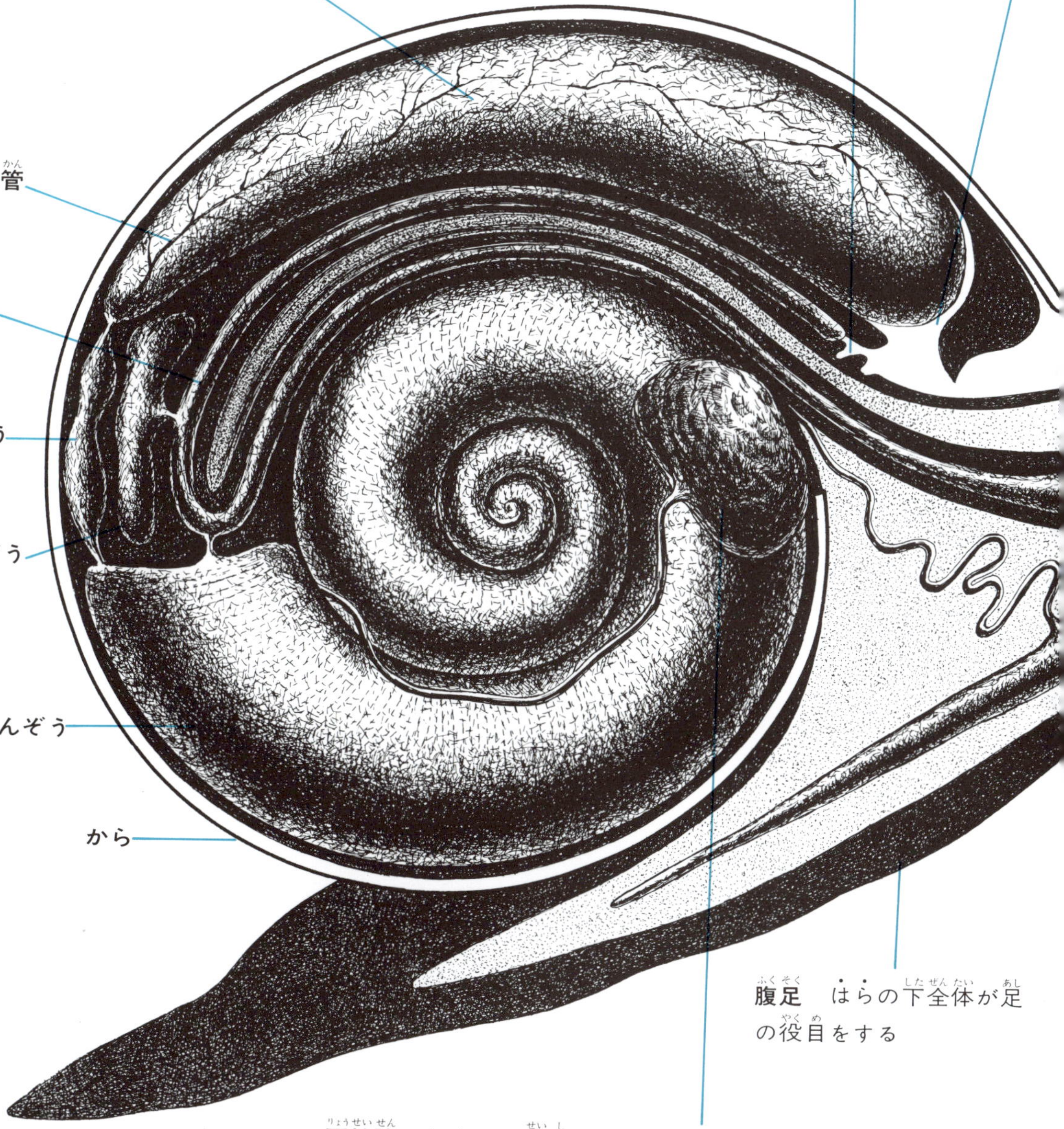
はいのあな　空気《くうき》をとりいれるところ
はい　空気《くうき》から酸素《さんそ》をとりいれるところ
こう門《もん》　ふんをだすところ
血管《けっかん》
腸《ちょう》
心《しん》ぞう
じんぞう
かんぞう
から
腹足《ふくそく》　はらの下《した》全《ぜん》体《たい》が足《あし》の役《やく》目《め》をする
両性腺《りょうせいせん》　たまごや精子《せいし》をつくるところ

カタツムリのくらしがわかりましたか。カタツムリをみつけたらそっとつかまえてきて、飼育箱《しいくばこ》にいれてかいましょう。

カタツムリの性質《せいしつ》によく注意《ちゅうい》して世話《せわ》をすると、いつまでもそだてることができます。

〈注意《ちゅうい》すること〉

●**入《い》れ物《もの》**　プラスチックの箱《はこ》か、ガラスの金魚《きんぎょ》ばちをつかいましょう。ボール紙《がみ》の箱《はこ》でかうと、カタツムリの歯舌《しぜつ》でけずりとられ、あながあいてしまいます。

●**たいせつなしめり気《け》**　箱《はこ》の中《なか》の空気《くうき》や土《つち》がかわいてしまうと、カタツムリは、からにもぐってまくをはってしまいます。しめり気《け》をたもたせるために、ときどききりをふきかけてやりましょう。

●**土《つち》はいつもきれいに**　箱《はこ》の中《なか》をいつもしめっぽくしておいたり、ふんやばいきんのため、土《つち》にカビがはえたり、食《た》べものがくさりやすくなります。一か月《げつ》に一度《ど》くらい新《あたら》しい土《つち》にかえてやりましょう。

●**石《せっ》灰《かい》分《ぶん》をわすれずに**　えさはレタス、ニンジン、キュウリなどの野《や》さいをあたえます。からをつくるためにはカルシウム分《ぶん》が必要《ひつよう》です。ニワトリのたまごのからを粉《こな》にしてあたえましょう。

ガラスばちか，プラスチックのはちをつかう
カタツムリがうごきまわれるように，小《こ》えだや板《いた》きれをたててやる。
にげられないように，ふたかあみをかぶせておく
落葉《おちば》
かわらのかけらや，こわれた植木《うえき》ばちをおいてやる。カタツムリがかくれてねむる場所《ばしょ》になる。
土《つち》（2～3㎝）

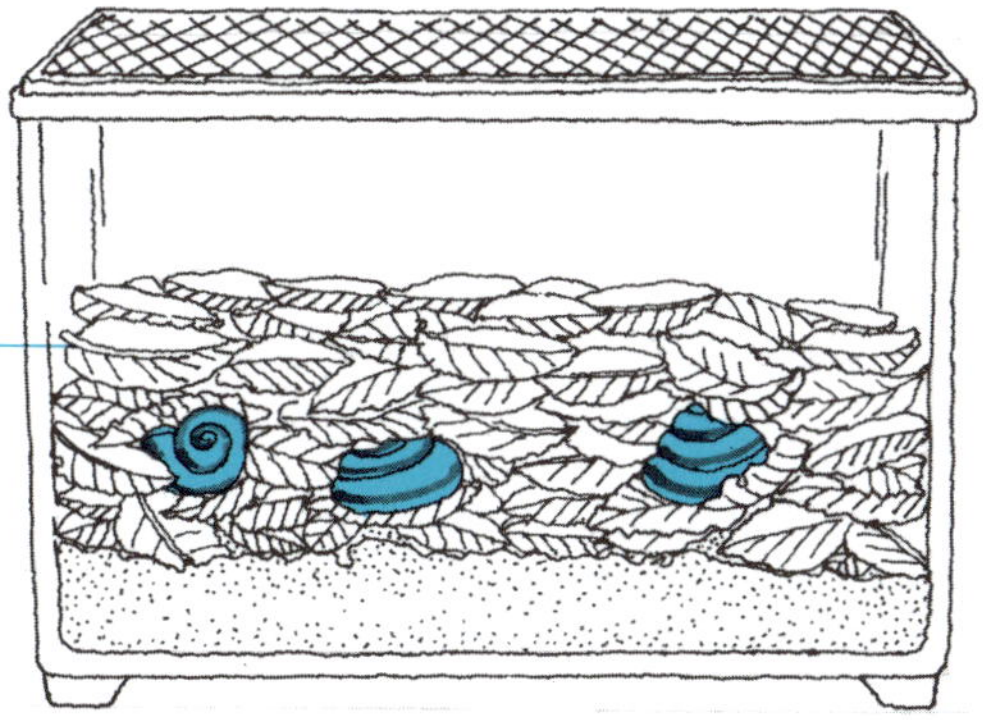
落葉《おちば》は厚《あつ》めにしく

■冬《ふゆ》ごしをさせよう

冬《ふゆ》になると、カタツムリは落葉《おちば》や土《つち》の中《なか》にもぐって、からにとじこもり冬眠《とうみん》をします。

●ガラスばちにしく落葉《おちば》をふやしてやりましょう。

●温度《おんど》をせっ氏《し》十二度《ど》くらいにたもちましょう。あまりあたたかいと、冬眠《とうみん》からさめてしまいます。

●ときどき、きりふきできりをふきかけてやりましょう。

●カタツムリが、どのようにしてからの入口《いりぐち》にまくをはるか、よくかんさつしましょう。

＊カタツムリのいたずら実験《じっけん》

飼育箱《しいくばこ》からカタツムリをとりだして、カタツムリにちょっといたずらをしてみましょう。

そのとき、カタツムリはどんなうごきをするかな。あわててにげだすかな？ からの中《なか》にかくれてしまうかな？

いたずらのちがいでカタツムリの反《はん》のうもちがいます。いろいろなしぐさで、カタツムリのからだのしくみや、性質《せいしつ》がもっとくわしくわかります。さあ、きみもためしてみましょう。

●きりをふきかけよう

カタツムリをガラスばちの底《そこ》にはわせておき、その上《うえ》からきりをふきかけてみましょう。

ガラスばちの底《そこ》に、水《みず》たまりができるほど、どんどんきりをふきかけたら、カタツムリはどうするかな。カタツムリは、水《みず》がすきだから平気《へいき》かな。それともあわてて、ガラスばちにはいのぼるかな。

※**注意《ちゅうい》** カタツムリを水《みず》の中《なか》にいれてはいけません。えりのあなが水《みず》でふさがり、死《し》んでしまいます。

●つなわたり

横《よこ》にぴんとはったひもの上《うえ》にカタツムリをはわせてみましょう。

カタツムリの腹足《ふくそく》はどんな形《かたち》になるでしょう。からは上《うえ》になるかな、下《した》になるかな。

こんどは、糸《いと》を上《うえ》から下《した》にはってみましょう。カタツムリは、するっとすべりおちてしまうかな。

カタツムリは腹足《ふくそく》で、細《ほそ》いひもをくるりとくるみこみ、まさつをふやし、からでバランスをとりながらすすみます。

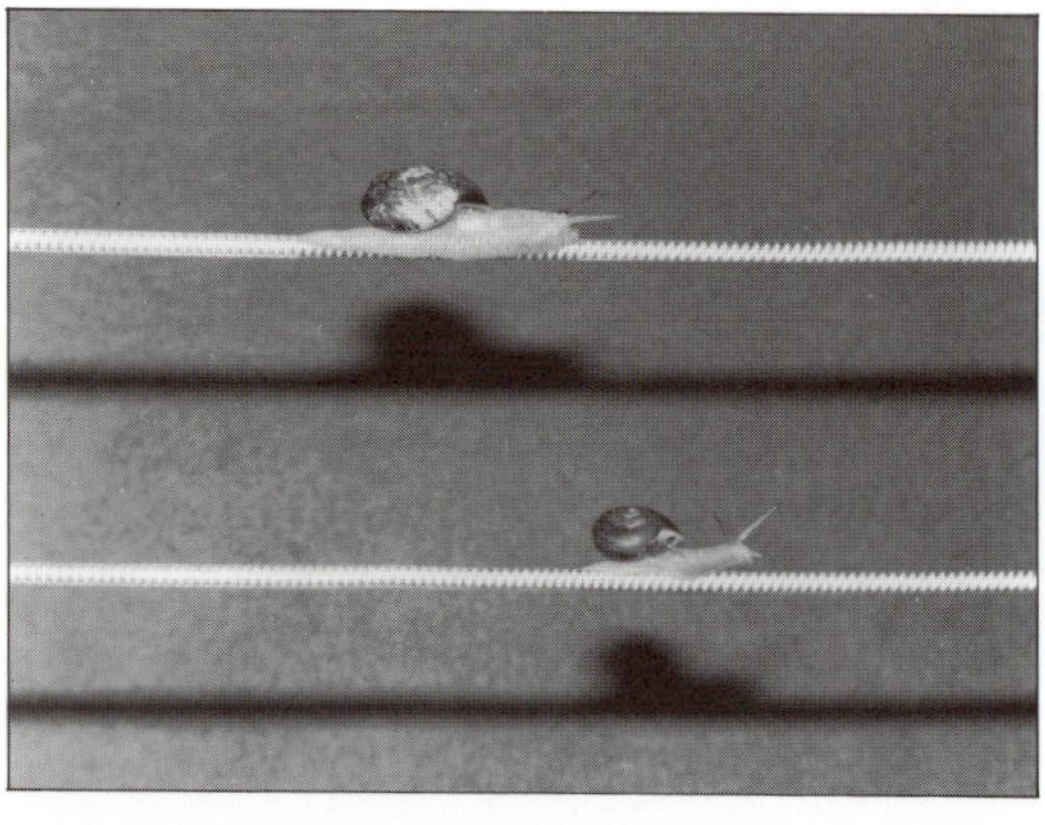

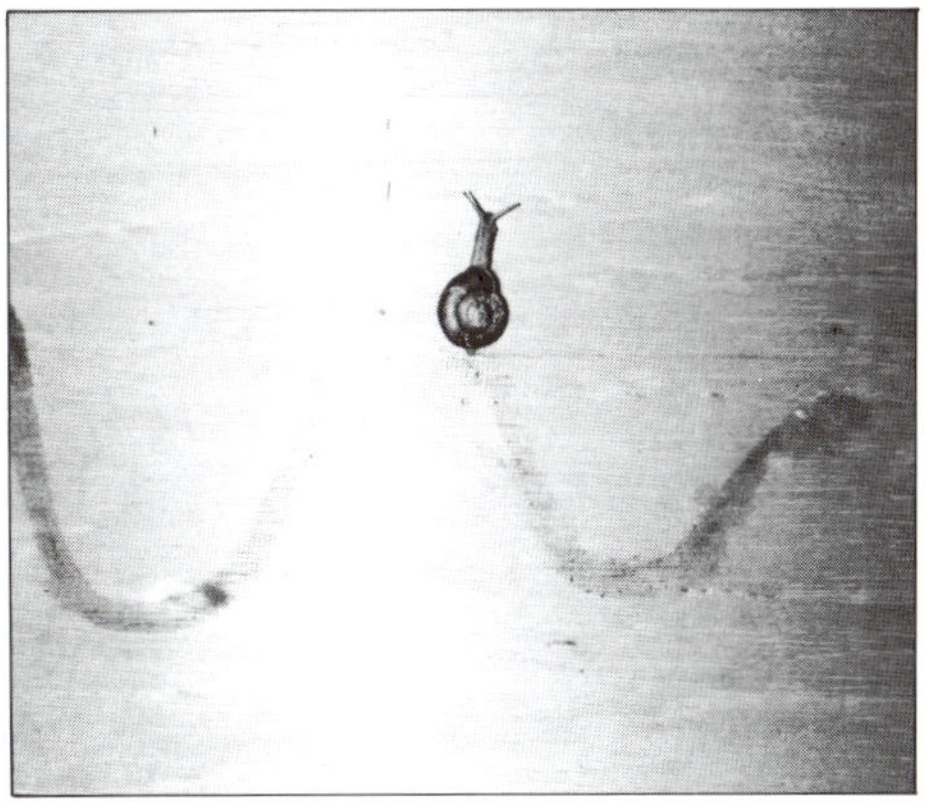

●どっちへいくかな？

カタツムリを板《いた》の上《うえ》にのせて、はわせてみましょう。

一ぴきをかわいたところに、もう一ぴきを水《みず》でぬらしたところにのせてみましょう。どっちがはやくすすむかな。

一分間《ぷんかん》にどれだけすすむか、スピードを時計《とけい》ではかってみましょう。

水《みず》でぬらした道《みち》にカーブをつけてみましょう。水《みず》でつけた道《みち》のとおりに、カタツムリもまがっていくかどうか、しらべてみましょう。

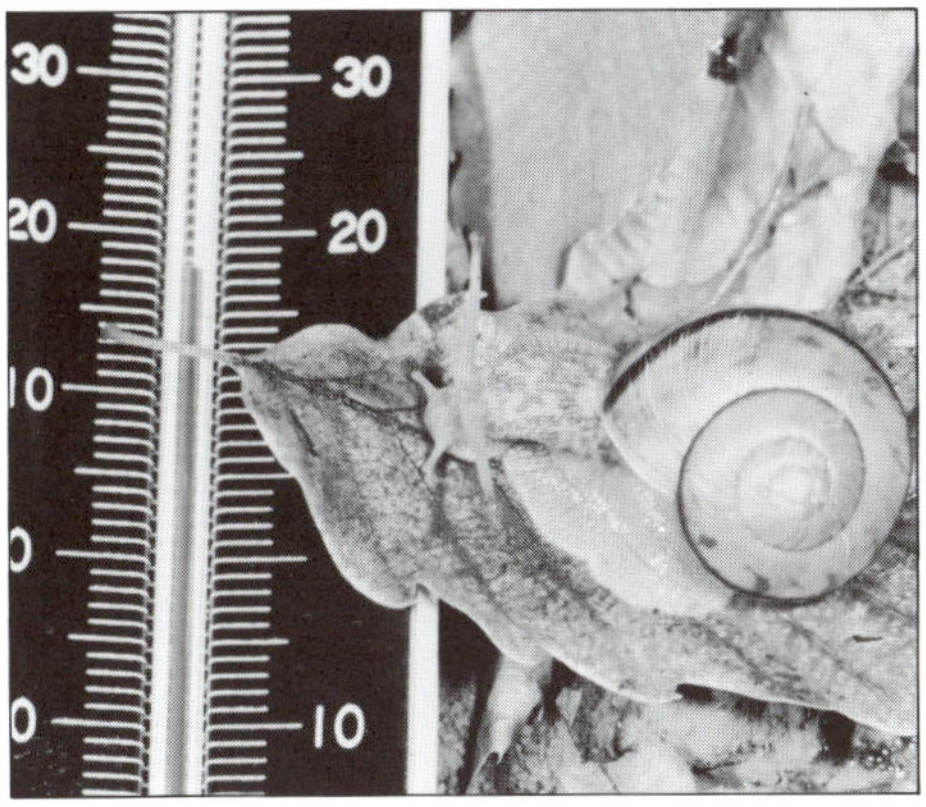

●目《め》をさますかな？

冬眠《とうみん》しているカタツムリを、あたたかい部屋《へや》にもってきましょう。カタツムリは目《め》をさますでしょうか。

カタツムリが冬眠《とうみん》するためにはったまくの小《ち》さなあなから、ハーッと息《いき》をふきこんで、からの中《なか》にあたたかいしめった空気《くうき》をあたえてみましょう。

カタツムリは目《め》をさますかな。

カタツムリが、まくをやぶってでてくるときのからだのうごきを、よくかんさつしましょう。

●歩《ある》けるかな？

カタツムリの歩《ある》いている前方《ぜんぽう》に、砂《すな》の帯《おび》をつくってみましょう。

カタツムリは、砂《すな》の上《うえ》をはって前《まえ》にすすんでいくかな。方向《ほうこう》をかえるかな。

カタツムリを砂《すな》の上《うえ》においてみよう。うまく歩《ある》けるかな。

カタツムリをベタベタしたガムテープやセロハンテープの上《うえ》においてみましょう。

カタツムリは、うまく歩《ある》けるかな。身《み》うごきできなくなってしまうかな。

●クリのいがわたり

カタツムリをそっとクリのいがの上《うえ》においてみましょう。

いがは、カタツムリのからだにつきささるかな。とげがあたっているところは、どんな形《かたち》になっているかな。

カタツムリは、うごけなくなってしまうかな。カタツムリのうごきをよくかんさつしましょう。

カタツムリは、するどいカミソリのはの上《うえ》でも平気《へいき》でのりこえて、すすむことができます。

●あとがき

この本《ほん》のおかげで、いちばん勉強《べんきょう》させてもらったのは、このわたし自身《じしん》であったかもしれません。というのは、このような小動物《しょうどうぶつ》によせる興味《きょうみ》はひとなみ以上《いじょう》であったにもかかわらず、わたしは科学《かがく》の目《め》で、一度《ど》もこの小《ちい》さななかまをみすえたことがなかったからです。雌雄同体《しゆうどうたい》というめずらしい生態《せいたい》といい、腹足《ふくそく》というふしぎな足《あし》のしくみといい、かれらがもともと海《うみ》の生活者《せいかつしゃ》であったことをしって、やっとそのなぞがとけたような気《き》がしました。

いまは、すっかり陸《りく》の生活者《せいかつしゃ》になりきってしまったようにみえるカタツムリが、実《じつ》は、いつも足《あし》もとに自家製《じかせい》の「海《うみ》」をつくりながら生《い》きつづけている……。わたしはこのひみつを、多《おお》くの子《こ》どもたちにしらせたいとおもいたちました。

撮影《さつえい》で意外《いがい》に苦労《くろう》したことは、かれらのスピードです。のろのろ歩《ある》いているようでも、レンズを通《とお》してみるとなかなかのスピードです。赤《あか》ちゃんカタツムリを撮《と》るときは、あっというまにファインダーからはみだす、失敗《しっぱい》の連続《れんぞく》でした。

この本《ほん》をだすにあたって、多《おお》くの方《かた》がたにお世話《せわ》になりました。貝《かい》の進化《しんか》についてお話《はなし》くださった解説《かいせつ》の小池康之《こいけやすゆき》先生《せんせい》、貴重《きちょう》な外国《がいこく》のカタツムリの写真《しゃしん》をかしてくださった白井祥平《しらいしょうへい》先生《せんせい》、そして、はじめから最後《さいご》まではげましてくださった七尾純《ななおじゅん》さん、岡崎務《おかざきつとむ》さんに心《こころ》からお礼《れい》を申《もう》し上《あ》げます。

増田戻樹《ますだもどき》

（一九七七年八月）

NDC484

増田戻樹

科学のアルバム　動物・鳥6

カタツムリ

あかね書房 1977

62P　23×19cm

科学のアルバム

カタツムリ

一九七七年　八　月初版

二〇〇五年　四　月新装版第　一　刷

二〇二三年一〇月新装版第一三刷

著者　増田戻樹

　　　小池康之

発行者　岡本光晴

発行所　株式会社 あかね書房

〒一〇一-〇〇六五

東京都千代田区西神田三-二-一

電話〇三-三二六三-〇六四一（代表）

https://www.akaneshobo.co.jp

印刷所　株式会社 精興社

写植所　株式会社 田下フォト・タイプ

製本所　株式会社 難波製本

ISBN978-4-251-03356-7

定価は裏表紙に表示してあります。

落丁本・乱丁本はおとりかえいたします。

○**表紙写真**

・アジサイの上《うえ》のミスジマイマイ

○**裏表紙写真**（上から）

・ツユクサの上《うえ》のミスジマイマイ

・生《う》まれたばかりの
　ヒダリマキマイマイの赤《あか》ちゃん

・草《くさ》のつるを上《のぼ》るカタツムリ

○**扉写真**

・クモの糸《いと》をはう、カタツムリの赤《あか》ちゃん

○**もくじ写真**

・細《ほそ》い葉《は》の上《うえ》をはうヒダリマキマイマイ

科学のアルバム

全国学校図書館協議会選定図書・基本図書
サンケイ児童出版文化賞大賞受賞

虫

モンシロチョウ
アリの世界
カブトムシ
アカトンボの一生
セミの一生
アゲハチョウ
ミツバチのふしぎ
トノサマバッタ
クモのひみつ
カマキリのかんさつ
鳴く虫の世界
カイコ まゆからまゆまで
テントウムシ
クワガタムシ
ホタル 光のひみつ
高山チョウのくらし
昆虫のふしぎ 色と形のひみつ
ギフチョウ
水生昆虫のひみつ

植物

アサガオ たねからたねまで
食虫植物のひみつ
ヒマワリのかんさつ
イネの一生
高山植物の一年
サクラの一年
ヘチマのかんさつ
サボテンのふしぎ
キノコの世界
たねのゆくえ
コケの世界
ジャガイモ
植物は動いている
水草のひみつ
紅葉のふしぎ
ムギの一生
ドングリ
花の色のふしぎ

動物・鳥

カエルのたんじょう
カニのくらし
ツバメのくらし
サンゴ礁の世界
たまごのひみつ
カタツムリ
モリアオガエル
フクロウ
シカのくらし
カラスのくらし
ヘビとトカゲ
キツツキの森
森のキタキツネ
サケのたんじょう
コウモリ
ハヤブサの四季
カメのくらし
メダカのくらし
ヤマネのくらし
ヤドカリ

天文・地学

月をみよう
雲と天気
星の一生
きょうりゅう
太陽のふしぎ
星座をさがそう
惑星をみよう
しょうにゅうどう探検
雪の一生
火山は生きている
水 めぐる水のひみつ
塩 海からきた宝石
氷の世界
鉱物 地底からのたより
砂漠の世界
流れ星・隕石